Noureddine Abbassi

Zum Problem hörbarer Differenzen einer Ambient-Mikrofonierung mit einem aus der gleichen Installation gewonnenen Faltungshall

GRIN Verlag

Bibliografische Information der Deutschen Nationalbibliothek:

Die Deutsche Bibliothek verzeichnet diese Publikation in der Deutschen National-
bibliografie; detaillierte bibliografische Daten sind im Internet über http://dnb.d-
nb.de/ abrufbar.

Impressum:

Copyright © 2011 GRIN Verlag, Open Publishing GmbH
Druck und Bindung: Books on Demand GmbH, Norderstedt Germany
ISBN: 978-3-656-44728-3

Dieses Buch bei GRIN:

http://www.grin.com/de/e-book/215428/zum-problem-hoerbarer-differenzen-einer-
ambient-mikrofonierung-mit-einem

Zum Problem hörbarer Differenzen einer Ambient-Mikrofonierung mit einem aus der gleichen Installation gewonnenen Faltungshall

Untersuchung am Beispiel von Altiverb 6

Noureddine Abbassi

SAE Zürich
23.05.2011
6988 Wörter

Inhaltsverzeichnis

Wort Definitionen

Um den fachlichen Ausdruck nicht zu verfälschen, sind hier die englischen Ausdrücke vorhanden. Um Begriffe, bezüglich Quellen unverfälscht zu verwenden, werden sie hiermit zur Erklärung zusammengefasst.

- Altiverb®, Waves®, Vienna®, Voxengo®, Logic®, FuzzMeasure®, BlueCat® und Neumann® werden fortfolgend ohne „®" verwendet

- Wird das Wort „Altiverb" verwendet, handelt es sich immer um die Version „Altiverb Regular, Version 6.0.3". Ausgenommen „Kapitel 1.3. Altiverb 6.

- IR ist die Abkürzung für Impulse Response.

- SDII ist die Abkürzung für Sound Designer zwei (unkomprimierte Audio Datei).

- „Cardioid" beschreibt eine Mikrofonkapsel mit Richtcharakteristik „Niere".

- „Omni Directional" beschreibt eine Mikrofonkapsel mit Richtcharakteristik „Kugel".

- „One In/One Out", „One In/Two Out" oder „Two In/Two Out, beschreiben die Impulsantwort-Aufzeichnungen. „In" steht für die Anzahl Positionen der Impulse, „Out" für die Anzahl aufgezeichneter Mikrofonkanäle.

1. Einführung

1.1 Vorwort

Diese Diplomarbeit befasst sich mit der optimalen Aufnahme einer Impulsantwort, dessen Einbindung in Altiverb 6 und die zum Vergleich herangezogene Ambient-Mikrofonierung aus der gleichen Installation. Die natürliche Hallaufnahme dient einerseits als Vergleich, andererseits auch als Preprocessing File, welches mit dem trockenen Signal desselben Dirac Stosses oder Sinus-Sweeps gefaltet wird. Die perfekte Ambient-Mikrofonierung für eine Aufnahme in einem Theater oder Opernsaal ist nicht nur zeitaufwendig sondern auch teuer. Ein weiterer Aspekt ist, dass die Mikrofonierung bei leerem Saal wesentlich anders klingt als bei dem eigentlichen Event. Die resultierende Frage ist daher, ob es zwischen einer Ambient-Mikrofonierung und dem Faltungshall desselben Raumes wirklich einen hörbaren, oder doch nur ein technischen, zu vernachlässigbaren Unterschied gibt. Der Schwerpunkt dieser Arbeit behandelt deshalb den Vergleich, bei dem weitere Faktoren wie der Impuls, die optimale Mikrofonierung, die Positionierung des Dirac Stosses so wie die gewählten Räume eine beachtliche Rolle spielen. Für die Aufzeichnung der Impulsantwort sowie des natürlichen Hall wird auf die Methode eines Sinus-Sweeps und einer Schreckschusspistole zurückgegriffen. Die Aufzeichnung des Raumes wird anhand eines Mikrofontyps und zwei Stereomikrofonieverfahren getestet. Diese Aufnahmen werden in einer Räumlichkeit mit optimaler akustischer Beschaffenheit getätigt, um so am Ende eine möglichst brauchbare Impulsantwort als Bestätigung zu erhalten. Ebenso wird der Vorgang für das trockene Signal, welches für die Faltung benutzt wird, erklärt und genauer umschrieben. Die Faltung der erzeugten Signale werden anhand Altiverb 6 Regular getestet.

Noureddine Abbassi

1.2 Geschichte des Faltungshalls

Die ersten Ideen rund um das Thema Faltungshall reichen in das Jahr 1991 zurück. Nur renommierte Tonstudios konnten sich damals die überteuerten algorithmischen Hallgeräte leisten, also musste eine kostengünstigere Alternative für ein breiteres Publikum her.

> „Die sich damals auf dem Höhepunkt befindende Sampling-Technologie ermöglichte die ersten Versuche das legendäre Lexicon-Hallgerät zu sampeln und diese Samples per MIDI-Befehlen an vorhandene Audiosignale ran zu hängen, um diese dadurch letztendlich zu verhallen" [1]

Dies führte jedoch zum Problem, das die verhallenden Räume des Lexicon-Hallgeräts mit einem Impuls erzeugt wurden und daher nie Identisch mit dem zu verhallenden Signal war. Am besten kann man sich dies folgendermassen

[Abb.1] Sony DRE-S777

vorstellen: Wenn man einen Bass Sound, der mehrheitlich tiefe Frequenzen enthält, durch einen mit einem breitbandigen erzeugten Impuls erzeugt, welcher das ganze Frequenzspektrum beinhaltet so hat dies eine unnatürliche verhallung des Signals zur folge. Sony war der erste Hersteller, welche sich dem Problem hingab und war somit auch das Fundament für das Faltungsprinzip, das auch heute noch benutzt wird. Früher wurden die Signale – Ursprungssignal und Impulsantwort – via MIDI getriggert. Sony kam mit der Idee, den Rechenintensive Vorgang per DSP zusammenzurechnen – dieser Vorgang wurde Faltung genannt.

Die damals noch diskrete Faltung, bei der die Berechnung im Zusammenhang mit der Zeit geschah, wurde Ende der 90ger Jahre grundlegend verändert. Um die damals noch sehr rechenintensive Faltung zu verringern, wurde die sogenannte Spektrum-Mulitplikation eingesetzt, welche auf dem Prinzip der Fouriertransformation basiert. Dies war der ultimative Durchbruch des Faltungshalls.

> „Aktuell gibt es hunderte Halleffekte in Form von Hard- und Softwarelösungen auf dem Markt, deren Funktionsweise auf der Faltungstheorie basiert" [2]

---

[1] David Dwier, Die Wahrheit über Faltungshall, 1.4 Geschichte, Seite 4, Grin Verlag
[Abb.1] sonsetbeach.ch
[2] David Dwier, Die Wahrheit über Faltungshall, 3.2.1 Spektrum Multiplikation, Seite 24 Grin Verlag

1.3 Altiverb 6

Altiverb ist ein Produkt der niederländischen Softwareschmiede Audio Ease und gilt nebst Voxenco Pristine und Vienna Symphonic Library „MIR" als führender Hersteller von Faltungshallprodukten. Obwohl meine Arbeit ausschliesslich auf Altiverb 6 getestet wurde, kann man davon ausgehen, dass „MIR" die genauste Simulation bietet, da jedes Instrument eines Orchesters einzel verhallt wird und somit das Abstrahlverhalten der Instrumente berücksichtigt wird.
Altiverb Version 1.0 erschien 2001 ausschliesslich auf Mac und war der erste Faltungshall der Native betrieben wurde. Erst knapp zwei Jahre später erschienen weitere Native betriebene Faltungshalleffekte wie Waves IR, Space Designer sowie die bereits oben erwähnten Halleffekte. Bis zur Erscheinung der Altiverb Version 5.0 im Jahre 2005, welche übrigens erstmals für Windows erschien, konnte man bis auf Input, Output und Wet/Dry keinerlei Eingriffe in Altiverb betätigen.

> „Audio Ease Chef Arjen Van der Schoot sagte selbst: „Unser Erfolg gründet in erster Linie auf der umfangreichen Library mit Impulsantworten. Um erstklassige Impulsantworten der weltbesten Räume und Säle zu bekommen, haben wir spezielle Software und Aufnahmeverfahren entwickelt, die Fehler ausschließen. Wir sind überzeugt, dass wir beim aktiven Samplen der Räume die Besten sind. Die Library wird ständig erweitert und ich meine, dass sie mehr als jeder Parametersatz den eigentlichen Wert unseres Altiverbs ausmacht." [3]

Altiverb 6 wird in zwei verschiedenen Versionen verkauft, einerseits in der Regular Version, andererseits in der surroundfähigen XL-Version, welche ausschliesslich in der RTAS Schnittstelle (Pro Tools) erhältlich ist. Die Bedieneroberfläche sowie die Auswahl der mitgelieferten Impulsantworten (Rund 1,5GB) sind bei beiden Versionen gleich. Ein wesentlicher Unterschied liegt allenfalls bei der Berechnung der Faltung. Bei der Regular Version ist die Sampelrate auf 96KHz begrenzt, welche bei der erweiterten XL-Version 384KHz beträgt. Bei beiden Versionen ist die maximale Bitrate 24Blt.
Ein wichtiger Aspekt ist auch bei leistungsstarken CPU's die Rechenintensivität, so hat Altiverb ein im Vergleich zu anderen Faltungshalleffekten einen geringen Leistungshunger. Bis zu sechs Stereospurinstanzen bei 96KHz können beinahe in Echtzeit bearbeitet werden. Getestet an den Mindestanforderungen von Altiverb 6:

Plattform	Plattform
Mac OSX ab 10.3.9	Windows XP sp2
1024 DDR2	512 DDR2
1GHz oder Intel Mac	1GHz
1,5 GB Festplattenspeicher	1,5 GB Festplattenspeicher

---

[3] Harald Wittig, Der Hall Kaiser, Professional Audio Magazin, Seite 2

Seit der Version 6 von Altiverb kann der Benutzer tiefer denn je in die Parameter eines Faltungshall eingreifen.

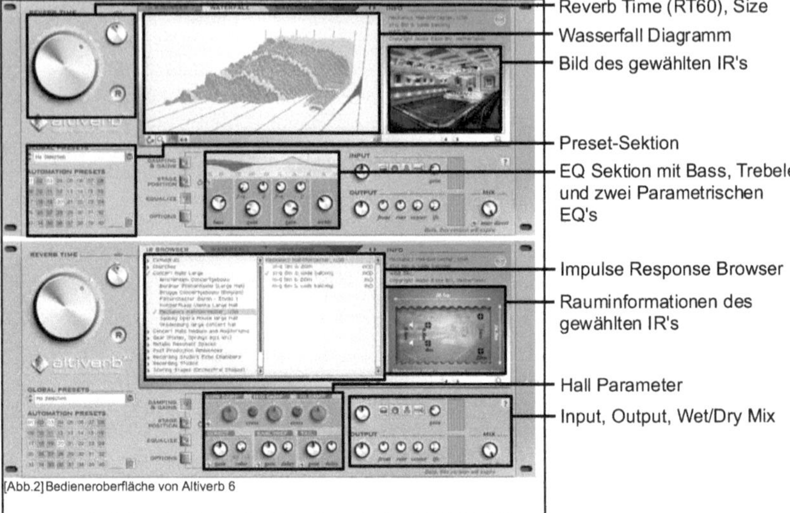

Reverb Time (RT60), Size
Wasserfall Diagramm
Bild des gewählten IR's
Preset-Sektion
EQ Sektion mit Bass, Trebele und zwei Parametrischen EQ's
Impulse Response Browser
Rauminformationen des gewählten IR's
Hall Parameter
Input, Output, Wet/Dry Mix

[Abb.2] Bedieneroberfläche von Altiverb 6

Das eigentliche Herzstück des Faltungshalls sind Impulsantworten. Da sie in realen Räumen aufgenommen worden sind, ist es eigentlich nicht möglich, sie durch zeitliche Parameter zu verändern. In der Sektion Size, RT60 wird bloss die Zeit der Impulsantwort zum verhallenden Signal verkürzt oder verlängert. Wird also die RT60 verlängert so hat dies auch zur Folge, das die Early Reflections später erscheinen. Auch wenn die Grösse des Raumes verändert wird, verlängert sich die RT60. Dies hat jedoch zur Folge, dass der eigentliche Abstand des Mikrofon zum Impuls nicht mehr eingehalten werden kann und somit eine Verfälschung des natürlichen Hall darstellt. Da die Impulsantworten wie ein normales Signal zu betrachten sind, ist der Equalizer in Altiverb 6 ein wichtiger Bestandteil und durch die zwei Parametrischen EQ's endgültig. Altiverb 6 hat ein direktes Kommunikationsnetz zu Google Earth und lädt somit automatisch Bilder von bekannten Räumen, die in der Impulsantwortbibliothek vorhanden sind (z.B Opernhaus Sidney, Södrä Museum Stockholm).

[Abb.2] audioease.com/altiverb, eigen erstellte Legende

2. Aufzeichnung und Einbindung einer Impulsantwort

2.1 Die akustische Umgebung und die Halldefinition

Die akustische Beschaffenheit, der „Charakter" eines Raumes, ist der Hauptgrund, um eine Impulsantwort aufzuzeichnen. Es muss unbedingt eine ruhige, möglichst rauscharme Umgebung gewährleistet sein. Ebenso müssen Nebenweg-übertragungsgeräusche wie Lüftungsschächte abgeschaltet oder verringert sein, sowie die Transmissionsakustik beachtet werden.

> „Der Dämmwert ist aus praktischen Gründen ein Einzahl-Wert. Dieser Einzahl-Wert wird effektiv aus einer Serie gemessener oder berechneter Werte gewonnen. Die grundlegenden Werte sind die frequenzabhängigen Schallpegel Differenzen (in dB) zwischen dem Senderaum und dem Empfangsraum, angegeben in den Dritteloktavbändern von 125Hz bis 4kHz." [4]

Die Räumlichkeit für meine Messungen ist die Aula der Sekundarschule in Herzogenbuchsee, Schweiz.

[Abb.3] Konzerthalle Sekundarschule, Herzogenbuchsee

[Abb.4] Konzerthalle Sekundarschule, Herzogenbuchsee

Die Konzerthalle der Sekundarschule in Herzogenbuchsee, wird des Öfteren für Theater und Konzerte im Bereich Rock/Pop benutzt. Die Halle ist optimal für meine Versuche bezüglich der Unterschiede der zwischen Impulsantwort und dessen Faltungshall, da der Raum akustisch optimiert ist. Daher macht es Sinn, ihn als Impulsantwort in Altiverb 6 zu benutzen. Die Impulse werden von der Bühne (Abb.4) aus, Richtung Raum betätigt, so das eine realistische Erregung des Raumes garantiert wird.

---

[4] Walter Storyk, WSDG Akustik SAE Script, Seite 278, SAE Zürich (gilt approximativ – ein geringer Korrekturfaktor, bedingt durch die Nachhallzeit im Empfangsraum, wird bei dieser Erklärung der Einfachheit halber vernachlässigt)
[Abb.3] Noureddine Abbassi, 14.03.11
[Abb.4] sekherz.ch

Schall in einem diffusen Schallfeld wird bei der Ausbreitung durch Hindernisse mit geringem Absorptionsgrad gestört. Dieser Faktor von Störung wird durch das menschliche Gehör als Raumeindruck empfunden. Absorption, Beugung sowie Schallreflexion, welche alle als frequenzabhängig gelten, sind die Gründe für diese Phänomene. Reflexionen können mit einem Billardspiel verglichen werden, auch hier gilt: Einfallswinkel = Ausfallswinkel. Ist eine Wellenlänge λ um das Fünffache grösser als die Fläche des Hindernisses, wird die Frequenz vollkommen gebeugt. . Tiefe Frequenzen werden teilweise oder sogar komplett reflektiert, da sie grössere Wellenlängen besitzen. Bei hohen Frequenzen dagegen führt es oft zu Schallschatten. Die daraus resultierenden Schallreflektionen können stehende Wellen oder Flatterechos auslösen, wenn sie sich zwischen zwei parallelen Wänden befinden. Bei akustisch optimierten Räumen wird oft mit kontrollierten Schallreflektoren, sogenannten Diffusoren, oder mit Absorbern gearbeitet.

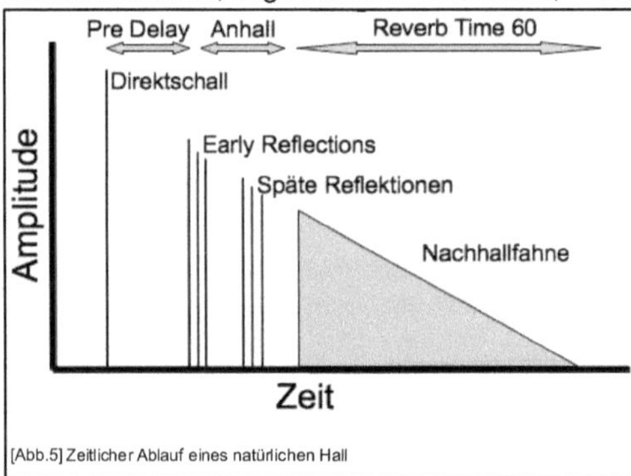

[Abb.5] Zeitlicher Ablauf eines natürlichen Hall

Dem Medium „Luft" wird oftmals viel zu wenig Aufmerksamkeit gewidmet, da auch sie wesentlich absorbiert. Ein natürlicher Hall beträgt nie länger als 3,2 Sekunden bei 5kHz, 1,2 Sekunden bei 10kHz und 0,4 Sekunden bei 20kHz. Der Hall trifft ab dann ein, wenn der Direktschall die Ohren des Hörers (In unserem Fall das Mikrofon) erreicht hat. Ab diesem Moment trifft das sogenannte Predelay ein. Es ist die Zeit zwischen Direktschall und den ersten eintreffenden Reflexionen, den sogenannten Early Reflections. Die Early Reflections geben Auskunft über die Grösse des Raumes. Bis zum Zeitpunkt , bei dem das menschliche Gehör die Reflexionen nicht mehr trennen kann (spätere Reflexionen) beginnt der Anhall. Anhand des Anhalls gewinnt man Informationen über die Beschaffenheit des Raumes. Danach folgt der Nachhall und dessen Aufbau des diffusen Schallfeldes. Bei diesem Punkt ist es wichtig, zwischen einem Erregerimpuls und einem Dauerschall zu unterscheiden. Bei dem Dauerschall wird der Raum nicht in kurzer Zeit angeregt, sondern braucht, je nach Umgebung, unterschiedlich viel Zeit um sich „einzuschwingen". Der Diffusschall wird durch den Dauerschall weniger homogen, da sich einerseits schneller stehende Wellen, sowie eine ständige Einheit zwischen Anhall und Mitthall bilden. Nach Abschalten der Signalquelle tritt die Nachhallzeit ein, welche solange dauert, bis das Signal um 60dB abgefallen ist.

[Abb.5] Noureddine Abbassi, 22.4.11, Zeitlicher Ablauf eines natürlichen Hall

2.2 Das Impulssignal

2.2.1 Der Pistolenschuss

Es gibt zwei verschiedene Möglichkeiten, die Rauminformationen durch einen Impuls zu erhalten. Entweder durch einen Sinus-Sweep mithilfe eines Dodekaedronischen Lautsprechers, oder aber durch einen Diracimpuls (weisses Rauschen oder Pistolenschuss). „Bei meinem Vergleich werde ich beide Methoden benutzen".

„Da es sich hierbei um eine recht moderne Technik handelt und Physiker sowie Wissenschaftler Neuland betreten, lässt sich hier nur schwer ein allgemein gültiges Urteil über den optimalen Impuls fällen." [5]

Der Diracimpuls lässt sich als schmaler und unendlich hoher Rechteck-Impuls beschreiben. In diesem Impuls sind alle hörbaren Frequenzen vorhanden. Der Impuls wird meistens durch einen Pistolenschuss angeregt. Theoretisch wäre es auch möglich, diesen Impuls durch eine Holzklatsche oder einen Luftballon zu erreichen, jedoch würden so noch weitere physikalische Eigenschaften wie zum Beispiel Luftvolumen und Geschwindigkeit hinzukommen. Jeder Pistolenschuss klingt verhältnismässig identisch was zu geringeren Problemen bezüglich trockenem Signal oder Stereoimpulsaufnahmen führt. Da eine Fourierzerlegung des Impuls eine in jeder Frequenz ähnliche Amplitude erzeugt, führt es zu gleichmässiger Anregung des Raumes. Es wird oftmals spekuliert, dass das weisse

[Abb.6] Starter Pistol, Röhm RG3, 6mm Flobert Platz

Rauschen – die kostenintensive Methode – bezüglich hohen Frequenzen und Linearität ein besseres Ergebnis ergibt. Diese Spekulationen machen für mich wenig Sinn, da es sowieso mit dem Eingangssignal gefaltet wird, und Verluste von hohen Frequenzen sowieso als natürlicher betrachtet werden können. Tiefe Frequenzen können die Raummoden anregen und somit zu nicht gewollten Resonanzen führen, die im Verlauf kaum noch korrigierbar sind."

„Ein gravierender Nachteil des weissen Rauschens ist [...] die hohe Anforderung, welche dieses Verfahren an das Wiedergabegerät [...] und an die für die Aufnahme verantwortliche elektronische Anlage stellt, da ein sehr energiereicher Impuls eine sehr hohe Belastung darstellt [...]." [6]

Da Altiverb 6 einen sogenannten Pre Processor enthält, welche die Systemantwort (Erregerimpuls und Impulsantwort) mit dem Erregerimpuls faltet, ist das Problem mit dem weggschneiden des Erregerimpuls verfallen.

---

[5] Bucher Gruppe, Raumakustik, Auralisation, Nachhall, Nachhallzeit, Faltungshall, Raumklang, Hallradius, Raumschall, Hallraum, Klarheitsma?, Seite 22, Books LLC
[Abb.6] Audio Ease Altiverb 6, Impulse Response with Starter Pistol (Schreckschusspistole)
[6] David Dwier, Die Wahrheit über Faltungshall, Seite 15, Grin Verlag

Techniker, die sich mit dem Verfahren einer Pistolenschussaufnahme auskennen, weisen darauf hin, dass das Einpegeln der Impulsaufnahme mit äusserster Vorsicht und ein genaues Kennen des Sequenzers sowie des Preamps voraussetzt. [7] Man übersteuert (auch professionelle) Recording Systeme bereits am Input, bevor das Recording Level eine Distortion anzeigt. Somit ist ein Prüfen des Eingangssignals, sowie ein starkes heranzoomen der Wellenspur undenkbar. Wichtig ist es auch zu erläutern, dass wenn der Mikrofonabstand vergrössert oder verkleinert wird, der Pegel der Aufnahme möglichst nahe der 0dBfs Grenze sein sollte, um im gleichen Raum einen natürlichen Hallklang zu erhalten.

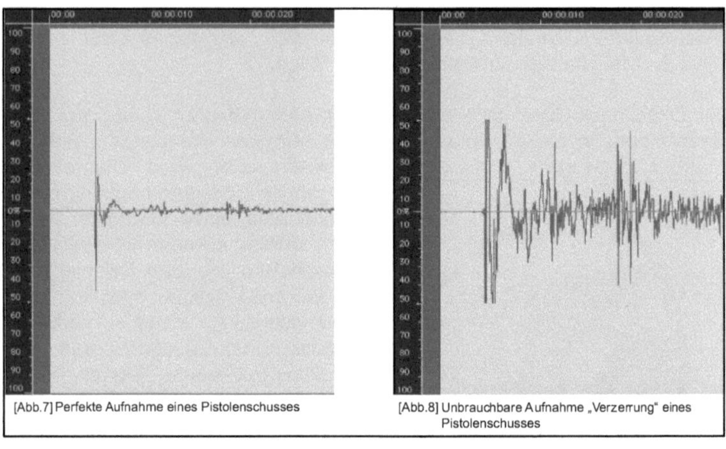

[Abb.7] Perfekte Aufnahme eines Pistolenschusses

[Abb.8] Unbrauchbare Aufnahme „Verzerrung" eines Pistolenschusses

[7]Vienna Symphonic Library „MIR"
[Abb.7] Audio Ease, Altiverb 6 Manual
[Abb.8] Audio Ease, Altiverb 6 Manual

2.2.2 Der Sinus-Sweep

> „Starterpistolen geben viel Energie in sehr kurzer Zeit ab. Die gleiche Energie kann über eine Zeitspanne verteilt werden, indem ein breitbandiger Ton mit niedrigerem Pegel aber längerer Dauer abgespielt wird. Der gesamte Frequenzbereich wird mit einem Sinuston, dessen Frequenz von 5 Hz bis 24 kHz reicht, abgedeckt." [8]

Das Sinus-Sweep Verfahren, auch Sine-Sweep Verfahren genannt, ist das Vorgehen zur Aufnahme einer Impulsantwort mit Hilfe eines dodekaedronischen Lautsprechers, also einer omni-direktionaler Signalquelle. Audio Ease benutzt das Sine-Sweep Verfahren bei den mitgelieferten Impulsresponses jedoch bloss für kleinere Räume wie Badezimmer, Küchen, Wohnräume oder Innenräume von Autos. Zum erstellen selbst aufgenommener Impulsantworten, bietet Altiverb bereits mitgelieferte frequenzentzerrte Sinus-Sweeps für Handelsübliche CD Player oder Hifi Boxen in Autos. Somit kann Jeder mit CD Players der Marke Sony (Typ CFD G70, CFD G70L oder CFD G-500) und Panasonic (Typ RXES22, RXES25 oder RXES 27), seine eigenen, meines Erachtens semiprofessionellen, Impulsantworten aufnehmen. Ein Sweep für Innenräume von Autos , die mit einer 12 Volt Autobatterie und mit zwei installierten Sony Anlagen des Types CDX L-280, aufgenommen wurde, ist in dem Package mit sieben Sinus-Sweeps ebenfalls enthalten.

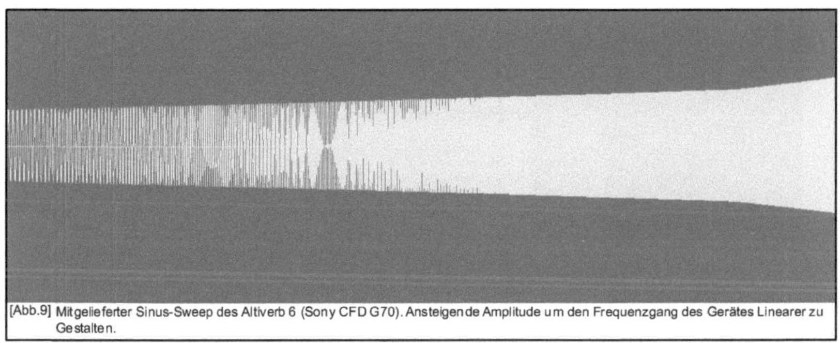

[Abb.9] Mitgelieferter Sinus-Sweep des Altiverb 6 (Sony CFD G70). Ansteigende Amplitude um den Frequenzgang des Gerätes Linearer zu Gestalten.

---

[8] Klemm Musik, Testbericht zum erzeugen von Impulsantworten, Seite 3
[Abb.9] Sinus- Sweep, Logic Pro 9 Sample-Editor, Sony CFD G70

2.2.3 Anmerkungen bezüglich trockener Signaleinbindung in Altiverb 6

Obwohl Altiverb 6 äusserst gründlich auf die verwendeten Testsignale hinweist gibt, es einen erheblichen Nachteil: Das trockene Signal, welches der wichtigste Bestandteil des Prozesses zur Impulsantwort ist, kann nur von den mitgelieferten Altiverb 6 Signalen in das PreProcessing Programm von Audio Ease geladen werden. Sprich: Eigene Trockensignale, sei es auch ein SDII-File, will Altiverb nicht lesen, egal welche Version. Die Sweeps und Impulse können weder abgespielt noch analysiert werden. Laut Altiverb 6 Manual sind sie alle auf 0dBfs normalisiert.

Altiverb bietet folgende Impulse Correction Files zum erzeugen einer Impulsantwort:

- 6mm Flobert
- Panasonic RXE 22-27
- Sony CFD Series + Woofer Sweep
- Spike Trough Effect Gears
- Sweeps Not To Be Equalized
- Tanoy Reveal Sweep
- Tanoy Reveal Subwoofer Sweep

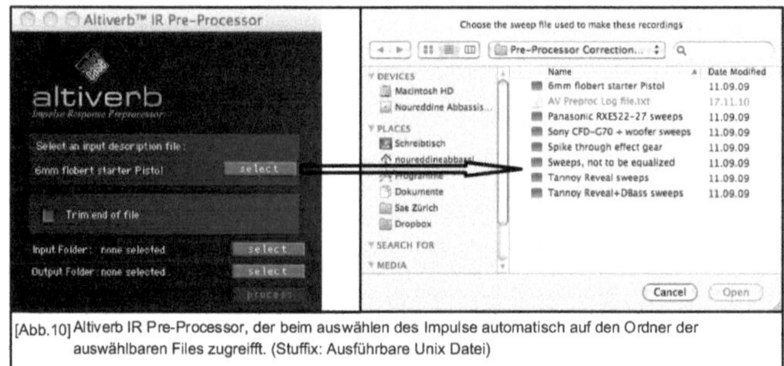

[Abb.10] Altiverb IR Pre-Processor, der beim auswählen des Impulse automatisch auf den Ordner der auswählbaren Files zugreifft. (Stuffix: Ausführbare Unix Datei)

Um mit einem eigenen Impuls die Impulsantwort von der Systemantwort zu inventieren, muss auf eine weitere Software gegriffen werden. Die kostengünstigste Software bietet Voxengo Pristine mit ihrer Zusatzsoftware Voxengo Deconvolver (Nur als Windows Version erhältlich). Selbst mit der Demoversion können Stereoimpulse mit den eigen erstellten Diracs in ein SDII-File gerechnet werden und bietet damit eine weit tiefere Eingriffsmöglichkeit als der Altiverb IR Pre Processor.

[Abb.10] Bildschirmfoto des Altiverb IR Pre Processer mit selektiertem Ordner

2.3 Die Mikrofonierung

2.3.1 Das Mikrofon und dessen Eigenschaften

Grundsätzlich gilt: Je höher die Qualität der gewählten Mikrofone, desto höher die Qualität der Impulsantworten. Desweiteren ist es so, dass der möglichst lineare Frequenzgang der Mikrofone ein ebenso natürlicheren Hall als Aufnahme bietet. Hierbei werden oft die Neumann KM140 benutzt, die jedoch durch ihr Alter eher selten geworden sind. [9] Die gewählten Mikrofone für die Messungen dieser Arbeit sind jedoch die neueren Kleinkondensatoren Neumann KM184/185, welche einen ähnlichen Frequenzgang vorweisen wie ihr Vorgänger. Eine Tiefenabsenkung durch den Durchmesser von weniger als 1" ist bei einem Kleinkondensator Mikrofon gegeben. Die Höhenanhebungen sollten den Zweck erfüllen, bei schnell aufeinanderfolgenden Schwingungen die Impulstreue zu bewahren. Dies ist sehr subjektiv und ist raum-, respektive reflexionsabhängig und ist somit weit weniger drastisch bei Systemantworten welche durch einen kurzen Impuls getätigt werden.

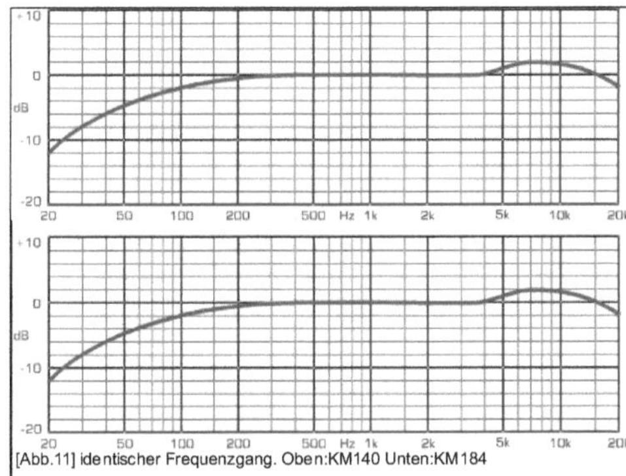

Die Tiefenabsenkungen ab 200 Hertz verhindern eine „zu präzise" Aufnahme von unumgänglichen Raummoden.

Grundsätzlich sind Höhenanhebungen zur Aufnahme eines natürlichen Hall eher unangebracht. Jedoch sind die Anhebungen von knapp 2dB vernachlässigbar.

[Abb.11] identischer Frequenzgang. Oben:KM140 Unten:KM184

Wichtig bei der Auswahl der Mikrofone, ist die Linearität in den hohen Mitten, sowie den tiefen Höhen, da der Grundton der meisten zu verhallenden Instrumenten sich in diesen Frequenzen befinden. Bei längeren Distanzen der Mikrofone zur Signalquelle, werden Frequenzen ab 5kHz durch das relativ Absorptionsstarke Medium Luft belanglos oder können via Softwareinternen Equalizern digital leicht entzerrt werden. Die Mikrofone, insbesondere den Frequenzgang zu kennen, ist bei einem Einsatz von einem Faltungshall von grosser Wichtigkeit, sobald es darum geht, tiefe oder hohe Klänge zu verhallen und digital somit einen natürlichen Hallklang zu erreichen. Durch zu starkes Eingreifen mit digitalen Equalizern kann man durchaus die Grenzen der Mikrofonierung überschreiten und erhält einen wiederum eher algorithmischen statt „natürlichen" Halleffekt. Zu beachten ist ebenfalls das die Kapsel mit Richtcharakteristik Niere bei Frequenzen ab 8KhZ supernierenförmig werden.

---

[9] Werner Iländer, Mehrkanalmusikaufnahme mit Faltungshall, Seite 13
[Abb.11] microphone-data.com/neumann

2.3.2 Steromikrofonierung

Die Wahl der Stereomikrofonierung begrenzt sich auf eine äquivalente Aufstellungen und/oder auf Laufzeit (nur Phase) nicht jedoch aus einer reinen Intensität (nur Pegel) Stereofonie. Für die professionelle Aufnahme von Stereoimpulsantworten wird oft einen binauralen Kunstkopf sowie eine ORTF-Mikrofonierung gegriffen. Die aufgenommenen Räume in dieser Arbeit wurden mit einer ORTF-Mikrofonierung getätigt. Für räumlich getrennte, gerichtete Kapseln der Äquivalenz-Mikrofonie wird zwingendermassen eine Niere verwendet, welche zu 61% aus Intensitäts-Stereofonie, sowie zu 39% aus Laufzeit-Stereofonie besteht. Keinen Zusammenhang hat der Abstand der Membranen mit dem Ohrabstand, obwohl sich dieser Abstand bei Laufzeit-Stereofonie oftmals in den selben Massen bewegt. ORTF ist die französische Abkürzung für Office de Radiodiffusion Télévision und ist die Indirekte Konkurrenz von NOS (Nederlandse Omroep Stichting, 42% Intensität und 58% Laufzeitstereofonie), sowie LTE (Level Time Equality, 50% Intensitäts und 50% Laufzeitstereofonie). Eine oft in klassischen Konzerten verwendete Stereo-180-Mikrofonierung wird bei Impulsantwort-Aufnahmen wegen dem geringen Intensitätsanteil eher selten gebraucht. Phaseninformationen führen zu einem besonders guten Entfernungshören der Quellen. Die Laufzeitunterschiede legen die Informationen des Raumeindruckes dar. Intensität-Stereosignale stellen eine sehr gute Richtungsortbarkeit der Quelle dar, da das Richtungshören nur von Pegelunterschieden bestimmt wird. [10]

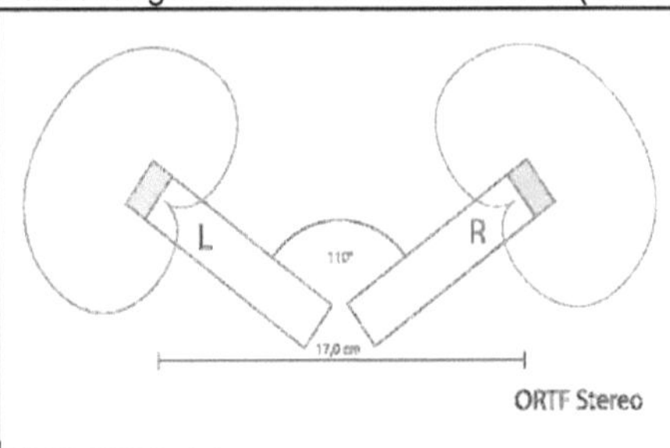

[Abb12] ORTF Mikrofonierung

> „Der Versatzwinkel der ORTF-Mikrofonierung beträgt zweimal 55% und weist somit einen „relativ" Monokompatiblen Klang für Impulsantworten auf. Darüber hinaus klingen Aufnahmen des ORTF-Verfahren sehr natürlich. " [11]

Vorteile einer ORTF Mikrofonierung	Nachteile einer ORTF Mikrofonierung
Gute Lokalisation	Gegenüber AB etwas unspektakulärer Klang
Sauberer Warmer Klang	„genormtes" Verfahren
Gute Balance	
In kurzer Aufbauzeit erhält man meist zufriedenstellende Ergebnisse.	

[12]

[Abb12] www.comons.org

[10] Tomas Strebel, Stereomikrofonie Script, SAE Zürich

[11] David Dwier, Die Wahrheit über Faltungshall, Seite 18 ORTF, Grin Verlag

[12] Andreas Ederhof, das Mikrofonhandbuch, Seite 210, Carstensen

Die ORTF-Stereofonie sollte vorsichtig mit den, für diese Mikrofonie bestimmten Stereoschienen bemessen und kontrolliert werden. Nur die genauen Angaben führen zu einem kontrollierbaren Ergebnis, welches auch zurück zu verfolgen ist. Durch die Links/Rechts Verteilung in einem Raum kann ein vollkommenes Ergebnis und somit eine gut anwendbare Impulsantwort aufgenommen werden. Wegen zuwenig erforschten Aufnahmen von Impulsantworten mit einer Stereomikrofonierung, kann bis zum heutigen Zeitpunkt nicht bestimmt werden, ob sich eine LTE- oder gar eine NOS-Mikrofonierung nicht besser für die notwendigen Rauminformationen eignen würde.

Da der Höreindruck eines Menschen auf den Phänomenen der Intensität und Phaseninformationen beruht, ist es auch bei einer ORTF-Stereofonie notwendig, die Zentralachse auf die gerade Ebene des Impulses zu richten, um eine möglichst natürliche Hallaufnahme zu erreichen. Auch ist es möglich durch den Altiverb IR Processor mehrere Rauminformationen in ein Stereo SDII-File zu errechnen, was bezweckt, dass der Impuls durch ORTF-Mikrofonierung in mehreren, auf dem selben Mittelpunkt gemessenen Positionen aufgenommen werden kann. Somit hat man zwar eine „Rundum-Rauminformation", jedoch ein verrechnetes, „phasen wirres" Stereosignal welches selbst bei der surroundfähigen Altiverb-XL-Version nur wenig Sinn ergibt. Will man also einen Surroundimpuls aufnehmen, sollte auch die Mikrofonierung gegeben sein und nicht durch eine Stereo-Mikrofonierung, welches die Rauminfomationen in ein Pseudo-Surroundsignal verrechnet, gemacht werden.

[Abb.13] ORTF-Stereo mit den Neumann KM184 Kleinkondensator Mikrofone

---

[Abb.13] Noureddine Abbassi, 14.03.11, Aula Sekundarschule Herzogenbuchsee

2.4. Impulspositionen, Mikrofonpositionen und Abstände

2.4.1 Impulsposition/Mikrofonposition mit Monoimpulsen

Die Impulsposition (Dirac sowie Sinus-Sweeps eines Lautsprechers, gekennzeichnet durch ein Lautsprechersymbol), sowie die Mikrofonposition (gekennzeichnet durch ein Kreuz), variieren je nach Anwendung. Die folgenden Impulsantworteinbindungen sind wie in Altiverb 6 betitelt und positioniert.

One In/One Out:

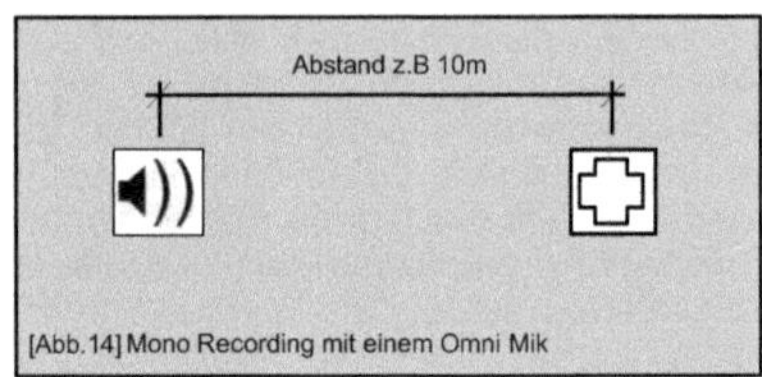

Wird mit einem Lautsprecher (Sinus-Sweep oder Weisses Rauschen) oder durch einen Pistolenschuss-Impuls aufgenommen, dient das Mikrofon bei dieser Vorgehensweise als Druckempfänger und hat somit eine Kugel als Richtcharakteristik. Die daraus resultierende Impulsantwort ist somit mono und hat keineswegs räumliche Eigenschaften. Somit ist auch die Position des Mikrofons frei wählbar. Anwendungsgebiete solcher Mikrofonierungen gelten grundsätzlich als künstlich. Da die ORTF-Mikrofonierung nur bedingt monokompatibel ist, macht es durchaus Sinn, bei einer Stereo-Impulsaufnahme ein zusätzliches Mono-Verfahren zu betätigen, um bei einem späteren Verlauf eines Mixdowns auf ein Mono IR desselben Raumes zurückgreifen zu können.

One In/Two Out

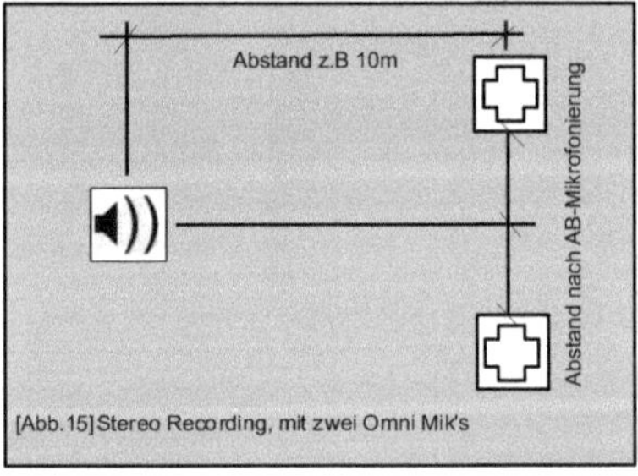

Durch das eingemittete Impulssignal muss zwingendermassen eine AB-Mikrofonierung gemacht werden. Somit besteht die Systemantwort aus einer reinen Laufzeitstereofonie und hat keinerlei Pegelinformationen.

[Abb.14] Eigen erstellte Skizze, mithilfe Altiverb 6 Plug In
[Abb.15] Eigen erstellte Skizze, mithilfe Altiverb 6 Plug In

One In/Two Out with Cardioids

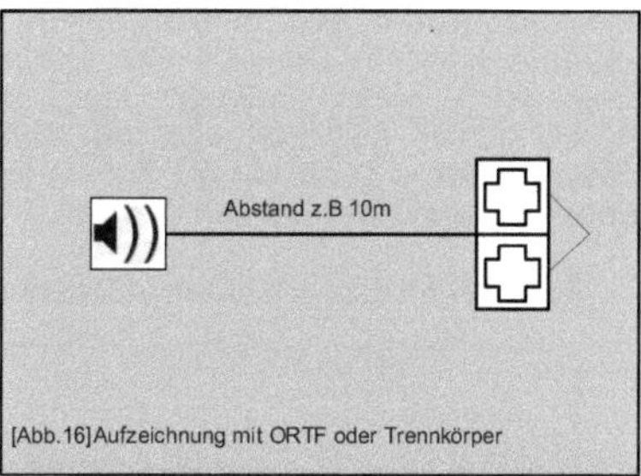

Diese Aufzeichnung ist die meistgebrauchte Variante für Impulsantworten, die in der Altiverb 6 Impulsbibliothek enthaltenen sind. Sie bietet durch den Laufzeitanteil einen relativ breiten Hall und eine durchaus realistische Hörposition. Im Gegensatz zu Omni-Direktionalen-Empfängern ist es bei dieser Situation, hauptsächlich bei Richtcharakteristik Niere, eher zu empfehlen, das Mikrofon möglichst weit entfernt zu positionieren, um gewünschte Reflexionen zu empfangen. Je nach Raum kann die Mikrofonierung auch mit gedämpfter Seite auf den Impuls gerichtet werden.

[Abb.16] Eigen erstellte Skizze, Altiverb 6 Plugin

2.4.2 Impulsposition/Mikrofonposition mit Stereoimpulsen

Da der Abstand zur Schallquelle in den meisten Fällen zu gross ist, muss auf ein Gross-AB zurückgegriffen werden. Da sich der Abstand von einer Gross-AB-Stereofonie zwischen 1-1,5 Meter bewegt, kann das zu einem hörbaren Mittenverlust führen. Als Abhilfe geeignet wäre ein Stützmikrofon, [13] mit dessen Hilfe eine Center Monoaufnahme (Abb.14) als Zusatz für mittlere Frequenzen mit der Stereo-Systemantwort verrechnet werden kann.

Two In/Two Out with Omni Directionals

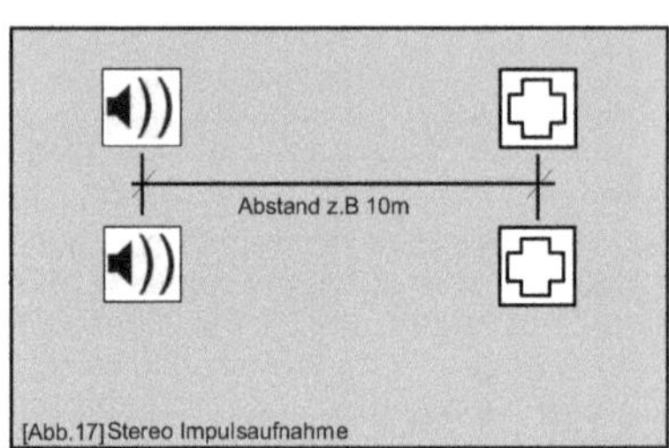

[Abb.17]Stereo Impulsaufnahme

Die Impulse werden nun im linken und im rechten Teil des Raumes durch einen Druckempfänger aufgenommen. Jetzt wird der rechte Impuls auf beiden Mikrofonen aufgenommen, genauso wie im späteren Verlauf der Linke Impuls wiederum auf beiden Empfängern aufgenommen wird. Dieses Verfahren bietet den breitesten Hall überhaupt. Des weiteren gibt es durch längeres Pre-Delay auf das weiter entferntere Mikrofon, dem Parameter Pre-Delay, sowie Release Time, je nach Grösse des Raumes, mehr Spielraum. Im Grunde genommen ,werden die vier aufgenommenen Antworten aber nichts anderes als ineinander „verschmelzt". Durch die überlegten Positionen der Impulsgebern wird entweder eine breite des Orchesters oder Band, oder aber die Position der Lautsprecher dargestellt. Ein grosser Nachteil dieses Verfahren ist jedoch, das der natürliche menschliche Höreindruck verloren geht.

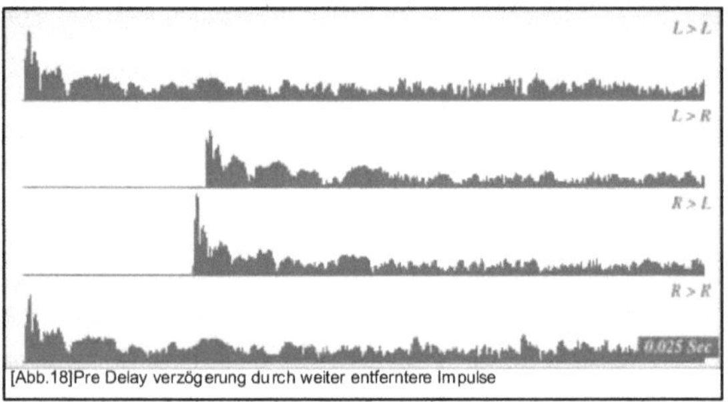

[Abb.18]Pre Delay verzögerung durch weiter entferntere Impulse

---

[13] thema.tontechnik.de
[Abb.17] Eigen erstelle Skizze, Altiverb 6 Plug In
[Abb.18] Altiverb 6 Plug In, Sydney Opern Haus (Two In/Two Out with Omni Directionals)

Two In/Two Out with Cardioids

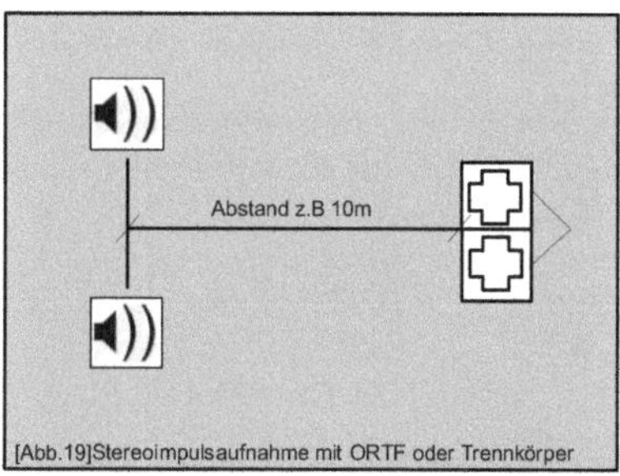

Dieses Verfahren zeigt nun die perfekte Hörposition in einem Konzertraum. Bei Positionen dieser Art können die Impulsgeber auch nach innen geneigt oder an höheren Positionen befestigt werden. Zu beachten ist, dass der Mikrofonabstand zu den jeweiligen Impulsen möglichst identisch sein muss, weil der natürliche Hall durch die Beschaffenheit des Raumes und die Links/Rechts-Verteilung der Impulse bereits ein unterschiedliches Signal, also Stereo, aufzeichnet.

2.4.3 Impuls/Mikrofonposition für die Aufzeichnung trockener Signale

Grundsätzlich wäre ein schalltoter Raum für die Aufzeichnung trockener Signale das Idealste überhaupt. Durch die längeren Distanzen von grossen Räumen kann der Abstand jedoch nicht eingehalten werden und es muss auf eine Alternative zurückgegriffen werden. Da der Reflexionspunkt über den Boden bei jeder Distanz berechenbar ist, kann das trockene Signal auf dem freien Schallfeld (grosser Fussballplatz, Flächen auf hoher Ebene) aufgezeichnet werden. Am Reflexionspunkt sollte trotzdem immer eine Fläche von stark absorbierendem Material liegen, um den Reflexionsschall zu dämmen. Um Pegelinformationen möglichst gleich zu halten, sollte der Abstand immer exakt so lang sein wie derjenige im aufgenommenen Raum. Wird die Hallaufnahme mit einer ORTF-Mikrofonierung aufgenommen, so sollte bei der Aufzeichnung des trockenen Signals dieselbe Position gegeben sein. Das Signal wird auf zwei Mono-Kanälen aufgezeichnet, beschriftet und mithilfe des Voxengo Deconvolver mit der Systemantwort in eine Stereoimpulsantwort verrechnet.

[Abb.19] Eigen erstellte Skizze, Altiverb 6 Plug In

2.5. Technische Angaben

Für die Messungen wurde folgendes Material verwendet:

- 2x Neumann KM184 mit Richtcharakteristik Niere und zwei seperaten Kapseln des Typs KM185 mit Richtcharakteristik Kugel
- 1x RME 400, Audiointerface
- 1x Dodekaedronischer Lautsprecher
- 2x 15 Meter Neumann XLR/XLR Kabel
- 1x Mac Book Pro 15" Laptop
- 1x Starter Pistol, Röhm RG3, 6mm Flobert Platz

Ein überlegtes Aufstellen und genaues Abmessen der Impuls- und Mikrofon-position, verbessert die Systemantwort erheblich. Es wird empfohlen, den Positionsabstand in der X-Achse und der Y-Achse mit einem Lasergerät zu bemessen (gilt auch für das trockene Signal). Da die Impulsantworten in Altiverb nur mit den vorgegebenen Stuffix-Endungen gelesen werden können, sollte die Links/Rechts-Verteilung von der Hörerposition bestimmt werden.

2.6. Einbindung in Altiverb 6

Wie bereits erwähnt werden die Signale mit einem Deconvolver von Voxengo invertiert. Die Signale (Trockene und Systemantworten), müssen exakt vor den ersten Transienten geschnitten werden. Dies gilt jedoch nur für die Signale, welche bei Stereo-Laufzeitaufnahmen als erstes, bei geringerer Distanz eintreffen. Das laufzeitverzögerte Signal muss auch verzögert werden, beziehungsweise einen gewissen Leerlauf am Anfang aufweisen, welcher dann auch so geschnitten wird. Dieses Verfahren gilt nur bei Two In/Two Out, weil der Signalgeber auf der X-Achse verteilt wird.

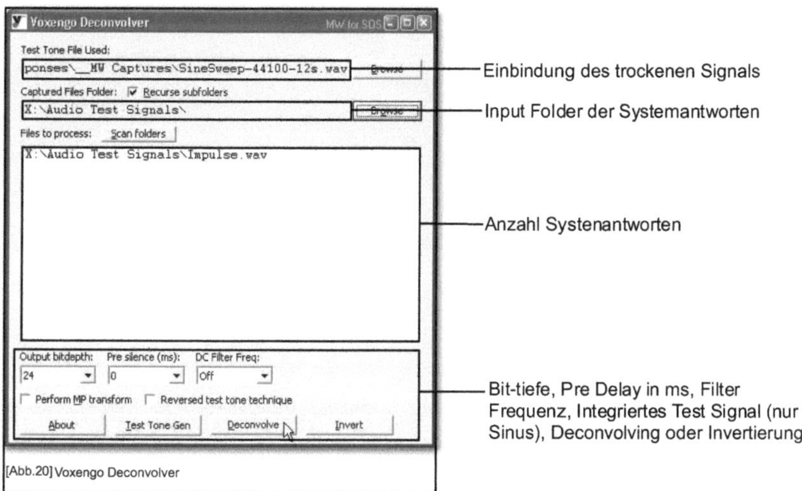

[Abb.20] Voxengo Deconvolver

Nach den Deconvolving kann das Signal als SDII-File berechnet werden, was einige Zeit in Anspruch nehmen kann. Die Files können nun durch den Impulsfolder von Altiverb verschoben werden. Zu beachten ist jedoch die Endung.

Bei zwei Impulsantworten (One In/Two Out):
- Sek_Aula.1 (Für den Linken Channel)
- Sek_Aula.2 (Für den Rechten Channel)

Bei vier Impulsantworten (Two In/Two Out):
- Sek_Aula.L.1 (Für den Linken Channel, Linke Impulsposition)
- Sek_Aula.L.2 (Für den Linken Channel, Rechte Impulsposition)
- Sek_Aula.R.1 (Für den Rechten Channel, Linke Impulsposition)
- Sek_Aula.R.2 (Für den Rechten Channel, Rechte Impulsposition)

Nun können die Impulsantworten in Altiverb (eventuelles Rescan in Altiverb nötig) mit jedem beliebigen Signal gefaltet werden. Alle getesteten Aufnahmen wurden in 88,2KHz und 24Bit aufgezeichnet und weiter verarbeitet.

[Abb.20] Voxengo Deconvolver

3. Die Untersuchung

3.1. Der technische Unterschied bei der Trockenaufnahme zwischen der Schreckschusspistole und dem Sinus-Sweep

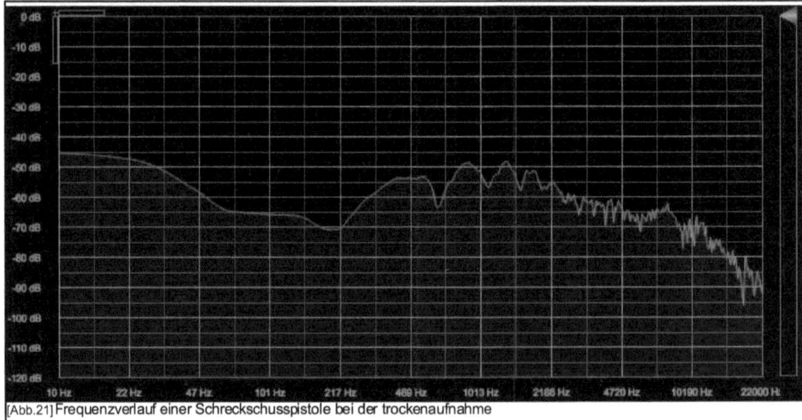

[Abb.21] Frequenzverlauf einer Schreckschusspistole bei der trockenaufnahme

Trotz Anhebungen in den Höhen, gegeben durch die Mikrofone, verliert ein Pistolenschuss über die gemessenen Distanzen erheblich an hohen Frequenzen. Ein Pistolenschuss hat, wie man erwarten kann, alles andere als einen linearen Frequenzverlauf. Jedoch ist die Systemantwort mit dem Impuls gleich gestellt.

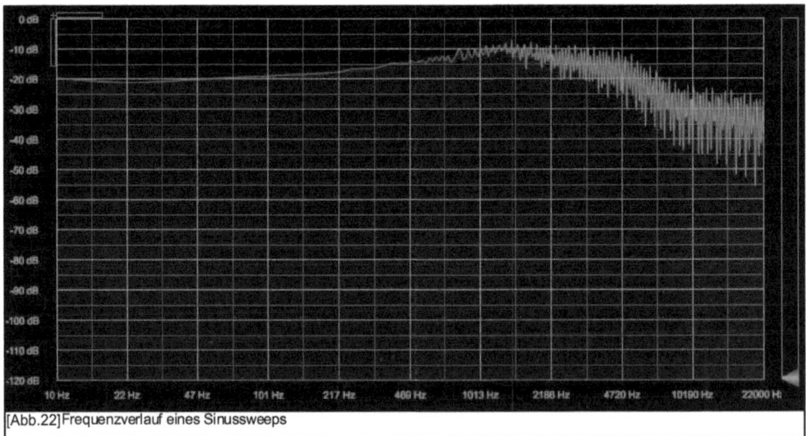

[Abb.22] Frequenzverlauf eines Sinussweeps

Die Abbildung stellt einen linearen Frequenzverlauf dar. Um die Impulsantworten zu erzeugen, braucht es hier ein Frequenzentzerrtes Trockensignal.

[Abb.21] Blue Cat Frequenz Analyse, Logic Pro 9
[Abb.22] Blue Cat Frequenz Analyse, Logic Pro 9

3.2. Differenzen zwischen Altiverb 6 und natürlichen Hall

3.2.1. One In/Two Out with Carioids

Funktion	Angaben
Aufnahmeverfahren	One In/Two Out with Cardioid (ORTF)
Abstand Impulsgeber/Mikrofonierung	8 Meter
Abstand vom linken Impulsgeber zum rechten Impulsgeber von der Zentralposition der Mikrofone	0 Meter
Impulsgeber	Schreckschuss

Ein wichtiger, jedoch nicht unbedingt hörbarer Unterschied, ist die Reverbtime 60, welche vom natürlichen Hall zum Faltungshall möglichst gleich sein sollte. Selbst bei einer Schreckschusspistole und den oben genannten Abständen sind die Differenzen der Beiden bei gewissen Frequenzen deutlich hörbar. Der Faltungshall benutzt man ausschliesslich für die Zumischung der Auxwege, wodurch der hörbare Unterschied wesentlich sinkt. Hört man die Signale jedoch getrennt mit einem Sinus-Sweep an, so erkennt man insbesondere bei der Altiverb Version in den tiefen Mitten einen erheblichen Anstieg des Nachhall. Diese Maximalwerte des Nachhall gibt es auch bei der natürlichen Hallaufnahme, jedoch bei 1000Hz. Obwohl man bei der Frequenzanalyse, bei 30Hz einen wesentlichen Anteil erkennt, hat Altiverb die Frequenzen bis 45Hz (ohne Low Cut) weggeschnitten. Selbst die in Altiverb vorhandenen Wasserfalldiagramme haben als tiefste Frequenz 50Hz als Anzeige. Folglich besitzen diese Frequenzen auch keinen Hall, was wiederum bei einem Sinus-Sweep gut hörbar ist.

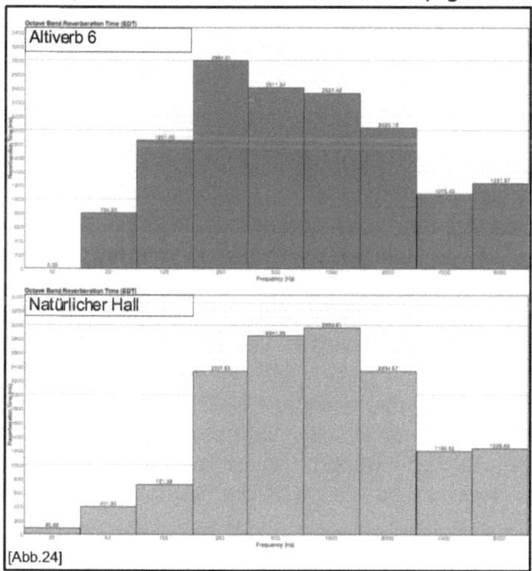

Ab den Frequenzen von 2kHz, verlaufen die Hallzeiten relativ gleich, was von grossem Vorteil ist, da sich die wichtigsten Frequenzen der Stimme im Band von 2kHz – 6kHz befinden. Da sich jedes Sample des Raumes mit dem zu verhallenden Signal faltet, können sich diese Werte durchaus leicht verändern. Wenn man jedoch die Grafiken betrachtet wird klar, dass die Faltung eine aufwendige Rechenaufgabe ist und somit das Ergebnis doch schon ziemlich beachtlich ist.

[Abb.24] FuzzMeasure, Reverberation PlugIn

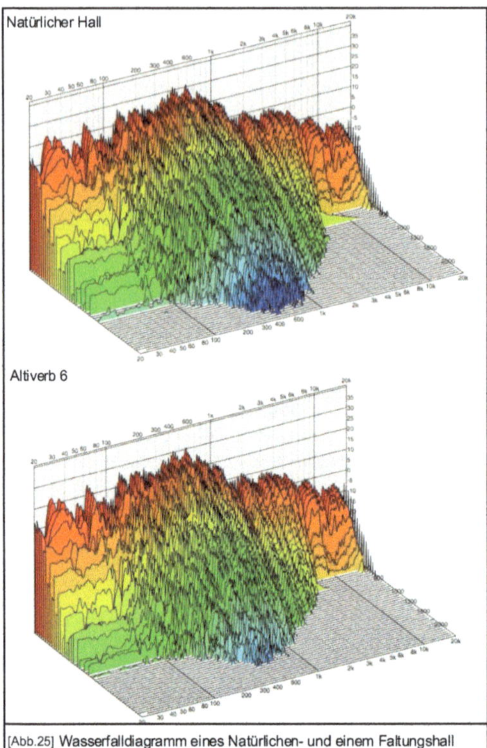

[Abb.25] Wasserfalldiagramm eines Natürlichen- und einem Faltungshall

Auf diesen Wasserfalldiagrammen ist nun deutlich die Ausbeugung der zetilichen Achse bei 800Hz (natürlicher Hall), sowie der maximale Nachhall bei den tiefen Mitten (Altiverb 6) zu erkennen. Der Frequenzverlauf weist bei beiden Signalen eine ähnliche Struktur auf, wie schon bei der Frequenzanalyse. Zu erkennen ist ebenfalls, das bei dem natürlichen Hall die tiefen Frequenzen wesentlich „linearer" verlaufen als bei der Faltung. Während der natürliche Hall ab der ersten Reflexion bis Ende des Rt60 bei der längsten gemessenen Zeit 2.89 Sekunden (bei 428Hz) beträgt, hat das mit Altiverb gemessene Signal gerade mal 2.18 Sekunden (bei 402Hz). Bei mehrmaligen Ausrechnen und Einbinden in FuzzMeasure habe ich bei 19kHz und 20kHz jeweils eine Anhebung entdeckt, welche im Grafischen Altiverb Wasserfalldiagramm nicht zu erkennen ist. Die Anhebung ist nicht nur ziemlich hoch und auf exakt runden Zahlen, sondern weist zudem auch ein relativ kontinuierliches Ausklingen auf. Mit einem kurzen Sinus-Signal bei 20khz habe ich das Signal noch einmal ausgerechnet und kam auf dasselbe Ergebnis. FuzzMeasure garantiert eine exakte Angabe bis 18KhZ [18].

Der hörbare Unterschied des Faltungshall zum natürlichen Hall ist bei diesem Aufnahmeverfahren vorhanden. Die frequenziellen Pegelunterschiede sind nur sehr gering, nicht jedoch das Ausklingverhalten. So fällt einem beim Hören eines Sinussweeps in den tiefen Mitten eine Art „Resonanz" auf, wobei dies kaum durch den Pistolenschuss erzeugt werden konnte. Dieser Lautstärkeanstieg ist auch beim natürlichen Hall (um 1kHz) vorhanden, jedoch etliches weniger. Obwohl bei den hohen Frequenzen kaum Unterschiede zu erkennen sind, wirkt das natürliche Signal viel klarer. Umgekehrt jedoch sind die tieffrequenten Anteile des Faltungshalls sehr präsent (ab 80Hz). Tauscht man nun das Testsignal Sinussweep mit einem weissen Rauschen aus, so sind die Hörunterschiede nicht mehr erkennbar.

[Abb.25] FuzzMeasure, Wasserfalldiagramm PlugIn
[18] FuzzMeasure Gear, 16Hz-18KhZ

3.2.2 Two In/Two Out with Omni Directionals

Funktion	Angaben
Aufnahmeverfahren	Two In/Two Out with Omni Directionals
Abstand Impulsgeber/Mikrofonierung	4,5 Meter
Abstand Linkes Mikrofon (Impulsgeber) zum Rechten Mikrofon (Impulsgeber) von der Zentralposition gemessen	3,6 Meter
Impulsgeber	Sinussweep

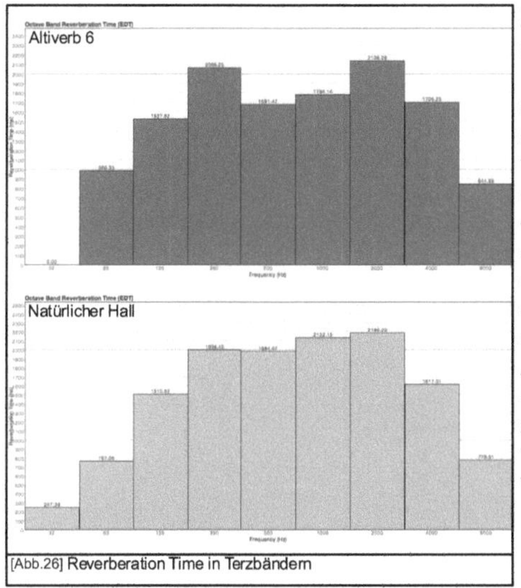

[Abb.26] Reverberation Time in Terzbändern

Ziel des Sinussweepverfahren ist es, die kurze Energie eines Dirac-Impulses auf eine längere Zeitspanne zu verteilen. [17] Angaben auf die Länge eines Sinussweeps findet man grundsätzlich nicht, obwohl möglichst kurze Sweeps die Raumresonanzen weniger anregen. Bei diesem Test wurde ein Sweep mit einer Länge von sieben Sekunden benutzt, wobei ein Testsignal bei 1000Hz am Anfang und am Schluss des Sweeps dazugezählt wurde. Diese zwei Testsignale müssen zwingend vor dem Deconvolving-Verfahren weggeschnitten werden.

Vergleicht man wiederum die Releastime in Terzbändern, so stellt man drastischere Verlängerungen der Release-Zeiten fest als bei der Schreck-schussvariante. Die Releaszeiten (Altiverb6) bei 30Hz bleiben wiederum unverändert auf 0ms. Jedoch die starke Ansteigung und das konstante Halten ab 250Hz deuten darauf hin, das der Hall des Raumes durch die veränderte Mikrofonierung und einer Position näher an den Reflektierenden Wänden, deutlich an Nachhall gewonnen hat. Die leichte Absenkung des Faltungshall (500-1200Hz), ist weder bei einem Sinussweep noch bei einem weissen Rauschen hörbar. Hätte man dieses Verfahren von der Zentralachse gemessen, so hätte man ein erhebliches Mittenloch. Möchte man also auf ein One In-Verfahren greifen, so wäre diese Mikrofonierung wegzudenken. Ab 63Hz führt die Linie einen relativ linearen Lauf, so darf man bei diesem Ergebnis sagen, das dieses Verfahren ziemlich nahe an den Natürlicheren Hall ran kommt.

---

[17] Sweep Gear, Voxengo Pristine
[Abb.26] FuzzMeasure, Reverberation Time PlugIn

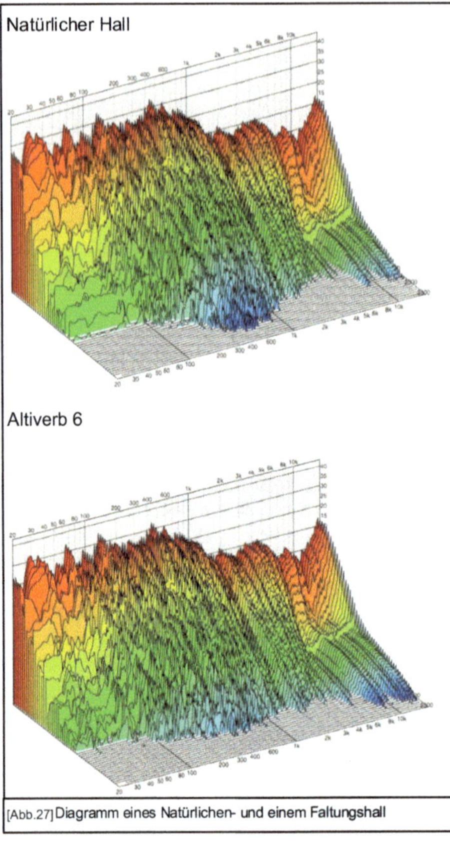

[Abb.27] Diagramm eines Natürlichen- und einem Faltungshall

Die Anhebungen zwischen 100Hz und 200Hz sind zwar vorhanden, jedoch weitaus weniger drastisch als bei der ORTF-Mikrofonierung und der Schreckschusspistole als Impulsgeber. Wiederum ist bei tieffrequenten Anteilen, der natürliche Hall weitaus linearer, was jedoch nicht hörbar und auch technisch vernachlässigbar ist. Ansonsten bleibt selbst der Nachhall des Faltungshalls gegenüber des natürlichen Halls gleichermassen konstant. Die Ambient-Mikrofonierung bietet einen weitaus höheren und detaillierteren Hall bei hohen Frequenzen. Wieder sind diese Frequenzen bei einer integrierten Wasserfallansicht in Altiverb 6 nicht erkennbar. Wie in der Grafik ersichtlich ist, haben bei Altiverb 6 Frequenzen ab 6kHz weitaus weniger Nachhall.

Der hörbare Unterschied ist bei einem Sinus Sweep Verfahren, mit sorgfältiger

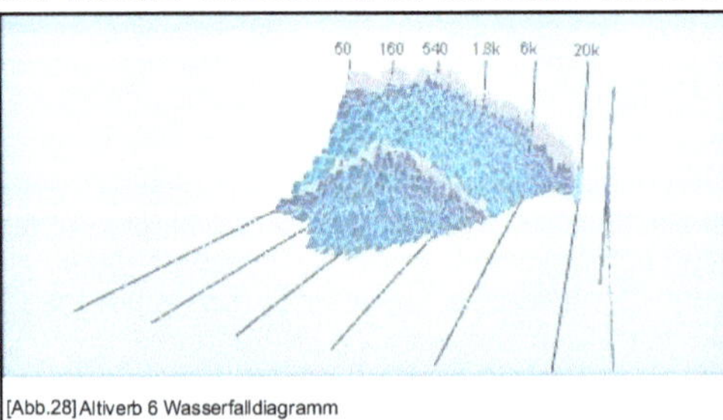

[Abb.28] Altiverb 6 Wasserfalldiagramm

Aufzeichnung sehr gering. So hört man bei 250Hz einen sehr kleinen Anstieg an Lautstärke. Ansonsten kann man hiermit sagen das es der natürliche Hall in einer Faltungsversion darstellt. Eine Trennkörper-mikrofonierung könnte möglicherweise ein „noch besseres" Resultat ergeben oder zumindest eine optimalere Hörposition im Raum darstellen. Wiederum sind in den hohen Frequenzen, trotz Anzeige keine Hörbaren Unterschiede vorhanden.

[Abb.27] FuzzMeasure, Wasserfalldiagramm PlugIn
[Abb.28] Altiverb 6, Wasserfalldiagramm Sek_Aula Sinesweep

3.3 Faltungsprozess und Differenzen realer Mikrofon-/Impulsabständen gegenüber Pre-Delay Lösung in Altiverb 6

Eine Faltung ist eine rein lineare, physikalische Berechnung zwischen Eingangssignal, Ausgangssignal und Impulsantwort. Das ganze System muss zwingend zeitinvariant sein, denn wenn das Eingangssignal verzögert erscheint, muss sich durch die Faltung auch das Ausgangssignal verzögern, um den zeitlichen Ablauf des Hall zu gewährleisten. [16]

> „Die diskrete Faltung zweier Signale in einem digitalen System ist die Multiplikation eines jeden Samples eines Signals, mit jedem Sample des anderen Signals [...], so dass letzen Endes beide Signale miteinander verschmelzen." [17]

Die Erklärung für dieses Verfahren lautet: Eingangssignal „y" in Zeit = Ausgangssignal „x" in Zeit, wird gefaltet mit der Impulsantwort „h" was wiederum gleich steht mit der Impulsantwort „h" in Zeit welches gefaltet wird mit dem Ausgangssignal „x". [18]

Das Eingangssignal, Ausgangssignal sowie die Impulsantwort werden durch die AD-Wandlung zeit- und wertdiskret. Durch die in Altiverb 6 interne Stage Position-Funktion ist es genaustens möglich, den Impuls/Mikrofonabstand so zu erhalten, dass es dem natürlich aufgezeichneten Hall bezüglich verzögertes Pre-Delay sehr nahe kommt. Altiverb selbst verzögert die ganze Impulsantwort nicht, da das Deconvolving mit den Early Relfections beginnt und der Faltungsprozess somit nicht mehr funktionieren würde. Altiverb arbeitet bei den meisten Parameter mit Pegeln, sowie auch bei der Pre-Delay-Funktion. Wird das Eingangssignal weiter entfernt, so regelt Altiverb die Early Reflections nach unten. Ein hörbarer Unterschied wird somit verdeckt.

[16] Heinz Gascha, Stefan Pflanz, Grosses Buch der Physik
[17] MTA Faltungshall, neobeserker.de
[18] Walter Iländer, Audiovisuelle Medien Diplomarbeit

4. Abschliessende Betrachtung

4.1. Fazit

Der hörbare Unterschied, um den es sich bei dieser Arbeit hauptsächlich handelt, habe ich vor den technischen Differenzen angehört. Aus den Versuchen kann grundsätzlich gesagt werden, dass bei guter Arbeitsweise zwar Pegelunterschiede vorhanden sind, diese aber durch ein Zumischen an einem vorhandenen Signal nicht mehr hörbar sind. Der Faltungsprozess durch den Player und dessen Parameter sind trotz den am selben Ort gebliebenen Impulsantworten, durch Pegelinformationen gut gelöst und es fallen keinerlei hörbaren Differenzen auf. Als Antwort auf diese Arbeit darf gesagt werden, das der Faltungshall am Höhepunkt des digitalen Halls angekommen ist. Trotzdem ist auch ein proffessioneller Faltungshall immer noch kein natürlicher Hall

4.2. Eigene Meinung

Ich bin der Meinung, dass der ganze Faltungshallkomplott rund um die Erregerimpulse vielmals auf Spekulationen beruhen. Das nur Sinus-Sweep Impulse einen natürlichen Hall nachahmen können finde ich einen falschen Ansatz. Die oft vergessene, aber meines Erachtens wichtige Vertiefung des Verfahrens sind die Positionen und die Mikrofonierungen. Zur Erzeugung einer Impulsantwort bietet Altiverb 6 zwar Tutorials, welche jedoch sehr spärlich ausfallen. Fast so, als wolle Altiverb vermeiden, dass bessere Impulsantworten in den vorhandenen Räumen gemacht werden. Zur Erzeugung von Impulsantworten mit einem Sinus-Sweep Impuls bietet das Altiverb 6 Tutorial bloss Lösungen mit herkömmlichen CD-Players. Altiverb ist durchaus ein professioneller Hall, was aber durch dieses Tutorial ein bisschen ins Lächerliche gezogen wird. Ein Impuls-Response mit einem im Fachhandel für 100Sfr. erhältlichen CD-Player kann kein gutes Ergebnis bringen, selbst mit einem frequenzentzerrtem Sinus Sweep nicht. Der grösste Nachteil und meiner Meinung nach auch eine ziemliche Enttäuschung ist das Deconvolving-Verfahren. Das Trockensignale zwar vorhanden sind, wäre vielleicht bei Impulsantworten analoger Geräte, welche zur Faltungsversion gemacht werden, praktisch. Das die Trockensignale jedoch nicht abhör- und somit auch nicht sichtbar zur Verfügung stehen, machen das ganze Preprocessing von Altiverb wenig brauchbar. Es wird ernsthaft empfohlen, selbst trockene Signale aufzunehmen, da die Distanzen zwingend eingehalten werden müssen. Leider können im Altiverb 6 keine eigene trockene Signale eingebunden werden und es muss mit einem anderen Programm (z.B Voxengo Deconvolver) verrechnet werden. Dieser Umweg war komplizierter als gedacht, was das Format der Audiofiles betrifft. Zuerst mussten die Files als .wav exportiert werden, da Voxengo Deconvolver als Inputfiles bloss .wav-Files erkennt, sie jedoch als SDII-Files exportieren kann. Der aufwendigste Teil dieser Arbeit war jedoch das Editieren der Audiofiles, sprich exakt bei der ersten Ausbeugung von der Null-Achse zu schneiden. Zum Glück hatte ich die Chance, Klimaanlagen und Projektoren auszuschalten um das Grundrauschen möglichst klein zu halten, was ich jedem weiterempfehlen kann. Man wird dankbar darüber sein, wenn es um das Editieren der Files geht. Ich persönlich würde das nächste mal die Schneidarbeiten aus Workflow-Gründen nicht mehr in Logic Pro, sondern eher in Steinberg Wavelab oder Bias Peak tätigen. Äusserste Vorsicht gilt auch, wenn es sich um eine Two In/Two Out Aufzeichnung handelt, welche sich mit Phasenuntschieden respektiv Laufzeitunterschieden auseinandersetzt. Da für dieses Verfahren gesamthaft vier Impulse der Zeitachse befinden, davon zwei direkt auf der 0-Linie und zwei Verzögerte, handelt, hätte ein ungenaues Schneiden eine „ungenaue" Impulsantwort zur folge. Was ich bei dieser Arbeit geschätzt und auch gelernt habe ist, dass die Bestätigung, dass ein genaues und überlegtes Arbeiten jedes Schrittes umso genauere Antworten liefern. Ich selber hatte mit dieser Arbeit meinen ersten Umgang mit selbstkreierten Impulsantworten und mit dem PlugIn Altiverb 6. Dieser intensiver Lehrgang war erstmals ziemlich schwer vorzustellen, insbesondere das Verstehen und Umgehen von Impulsantworten und dessen Faltung. Dieses zu erlernen erschwerte sich durch mangelhafte Quellen und Informationen über den Faltungs-Vorgang.

Nach einem genaueren Blick in Physik- und Wissenschaftsbücher entdeckte ich dann, dass ein Faltungsprozess nicht nur musikalisch eine Errungenschaft war, sondern auch zur Berechnung anderer physikalischen Abläufe gebraucht benötigt wird. Das Gefühl, einen eigenen Hall eines Raumes zu besitzen und nach dem Einbinden in die Software erste Pianoklänge durch den Raum klingen zu lassen, ist unbeschreiblich. Die harte Arbeit hat sich auf jeden Fall bewährt, wenn ich bedenke, dass ich ein Unikat eines Hall besitze. In Altiverb zu arbeiten ist sehr angenehm und bedienerfreundlich. Ein grosser Vorteil ist auf jeden Fall die Aktualisierung der Grafiken nach Bearbeiten der Parameter. Ebenso faszinierend ist es, zu sehen, dass Altiverb etliche Veränderungen der Impulsantwort ohne Verschiebung der Files vornehmen kann. Ich persönlich hatte einen weitaus grösseren Hörunterschied erwartet, woraus ich schliesse, das der Faltungshall eine Revolution in der Bearbeitung der Musik darstellt. Eigene Impulsantworten zu erzeugen ist jedoch immer noch ein relativ unentdecktes Gebiet. So findet man im Internet massenhaft unbrauchbare Impulsantworten. Die zwei getesteten Positionen und Mikrofonierungen gaben zwar unterschiedliche Ergebnisse was Klangfarbe und Präzisionen etlicher Frequenzen und Reverbtimes betrifft, haben jedoch beide eine imposante Ähnlichkeit mit dem natürlichen Hall. Bleibt also nur noch die Frage, ob ein anderer Player eine Änderung der Differenzen zur Folge hätte oder ob der Faltungsprozess bei jedem Player ein gleiches Verfahren vorzieht.

Noureddine Abbassi

5. Anhang

5.1. Quellenverzeichnis

David Dwier, Die Wahrheit über Faltungshall
Grin Verlag, 1.Auflage, 2005
ISBN 978-3-638-83130-7

Harald Wittig, Der Hall Kaiser
Professional Audio Magazin, 2005

Walter Storyk, Akustik
SAE Script, SAE Zürich, 2009

Bucher Gruppe, Raumakustik, Auralisation,
Nachhall, Faltungshall, Raumklang, Hallradius
Raumschall, Hallraum, Klarheitsma?
Books LLC, 1.Auflage, 2010
ISBN 978-1-159-28326-1

Vienna Symphonic „MIR"
Dirac and Sweep Gear
Vienna©, 2005

Klemm Musik
Testbericht zum erzeugen von Impulsantworten
Klemm Musik GmbH

Werner Iländer, Mehrkanalmusikaufnahme
mit Faltungshall
Hochschule für Medien, Stuttgart
Diplomarbeit, 2005

Thomas Strebel, Stereomikrofonie
SAE Script, SAE Zürich, 2007

Andreas Ederhof, Das Mikrofonbuch
Carstensen Verlag, 2.Auflage, 2006
ISBN 3-910098-35-5

FuzzMeasure Manual
FuzzMeasure, 2009

Voxengo Pristine
Sweep Manual
Voxengo, 2006

Heinz Gascha, Stefan Pflanz,
Grosses Buch der Physik
Compact Verlag, 5.Auflage 2005
ISBN 9-783-8-1747098-3

neoberserker.de
Stefan, MTA Faltungshall
Beitrag, 2005

Walter Iländer, Audiovisuelle Medien
Bericht

thema.tontechnik.de
AB-Mikrofonierung
Bericht, 2006

5.2. Bildverzeichnis

[Abb.1] sonsetbeach.ch
Sony DRE-S777 Verkaufsphoto

[Abb.2] audioease.com/altiverb
Bedieneroberfläche von Altiverb 6 Regular

[Abb.3] Noureddine Abbassi, 14.03.2011
Konzerthalle Aula Sekundarschule
3360 Herzogenbuchsee, CH

[Abb.4] sekherz.ch
Konzerthalle Aula Sekundarschule
3360 Herzogenbuchsee, CH

[Abb.5] Noureddine Abbassi, 22.04.2011
Zeitlicher Ablauf eines natürlichen Hall
Open Office, Zeichnungen

[Abb.6] Audio Ease, Altiverb 6
Impulse Response with Starter Pistol
Seite 1
Altiverb©, 2006

[Abb.7] Audio Ease, Altiverb 6
Impulse Response with Starter Pistol
Seite 3
Altiverb©, 2006

[Abb.8] Audio Ease, Altiverb 6
Impulse Response with Starter Pistol
Seite 3
Altiverb©, 2006

[Abb.9] Noureddine Abbassi, 23.04.2011
Sinussweep Sony CFD G70
Logic Pro 9, Sample Editor
Altiverb©, 2006

[Abb.10] Noureddine Abbassi, 30.04.2011
Bildschirm Photo
Altiverb IR Pre-Processor, Selektierter Ordner
Altiverb©, 2006